世界多辽阔
生活多欢喜
U0186443
给我的孩子和像他一样淘气的，
对这个世界充满好奇、美好想象的
孩子们。
多喜
DUOXI

THIS IS OUR CITY!
这 是 我 们 的 城

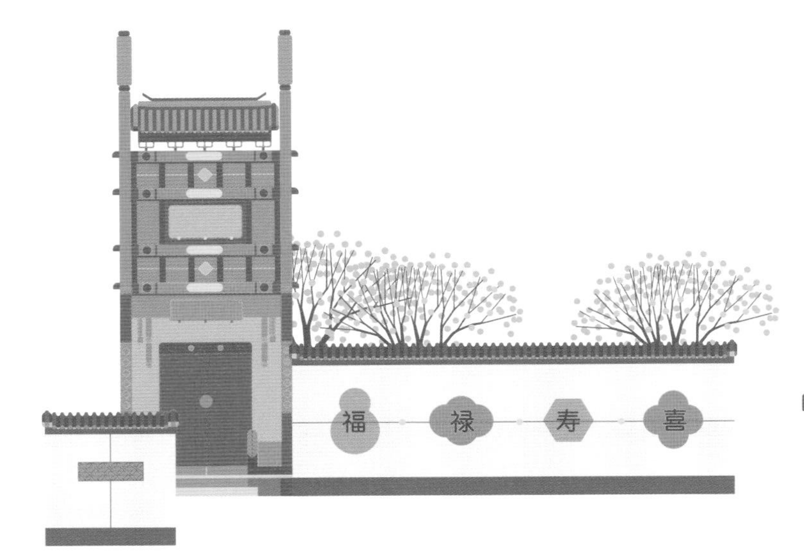
福
禄
寿
喜

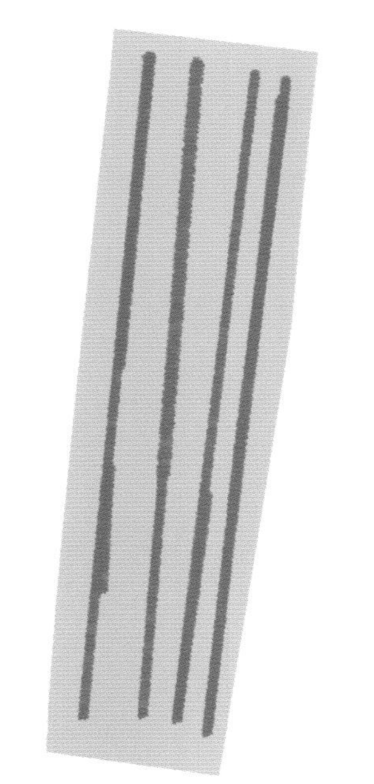

肖琨 著
文俊 绘

清華大學出版社
北京

# 妈妈说：
## 这是你的城市。

当你翻开这本书的时候，你在哪座城市？

你的城市叫什么名字？

这座城市里最高的楼是哪一座？是否有古老的建筑？

或者，你的城市是否有城墙？你最喜欢这座城市的哪里？

一下子提这么多的问题，你是不是有点搞不清楚？

没关系，你可以从现在开始观察你所在的那座城市。

不过什么是城市呢？你或许会问。**“城市是人类文明的典型产物，在这里展现了人类所有的成就和失败。”**[1]这是英国作家约翰·里德的看法。你不必理解、赞同或是反对这句话，但至少我们知道，城市并非一开始就存在。城市随着人类文明的发展而诞生，也将随着人类文明的发展而不断地变化。

是的，城市并非一成不变。即便你今天见到的城市和你昨天见到的城市并无区别，但当我们把时间拉长，你爸爸妈妈出生时的城市模样和你出生时的城市模样完全不同，而且可以说，从你出生那天开始，你的城市每天都在发生着变化，你可以尝试把它想象成一个庞大的有机体，它会随着居住在其中的人的增加而不断长大，它也会衰败。

看似庞大的城市让你摸不着头脑，满眼看到的大概都是楼房和汽车。不过当你仔细观看，每个城市都不一样，它们像不同的人，拥有不同的故事和个性。比如北京和西安，这里有上千年的历史，有几百年的佛塔，也有不过几年的现代建筑；比如上海，这里的路并不方正，那是因为在很久以前，这些弯弯曲曲的马路都曾是溪流，而随着时间向前，几百年间，上海从一座小渔村成长到如今的国家中心城市之一；比如景德镇，这座城市有着上千年烧制陶瓷的历史。还有深圳，这座南方的城市以惊人的速度从一座渔村长成一座现代化的宜居之城……

世界上有许许多多的城市，大的、小的，古老的、现代的，成长的、衰退的……探索城市让人着迷，但最开始或许让你困惑，没关系，我先和你讲讲我们的城市，读完这本书后，就去探索你出生的那座城市吧！

肖琨

# 爸爸说：

这本书的灵感和让我们坚持下去的勇气，都来自于我们的孩子。现在还记得，第一次带他去上海的摩天大楼——上海中心，他的兴奋和快乐让我们相视一笑，这也让我们萌生给孩子创作一本有关城市的书的想法：城市千奇百怪，让孩子对自己居住的城市有所了解，埋下一颗好奇的种子，继而对更广阔的世界进行探索。这就是“这是我们的城”的创作初心。

那时，他四岁。当这第一本书即将要出版时，他七岁半了，已成为一名端坐在教室里、好好学习的小学生了。像所有的爸爸妈妈一样，我们既希望他能走多远走多远，去感受和经历这个世界的诸多美好；又害怕他越走越远，忘记对我们的爱和曾经的依赖，心情复杂，忐忑且期待。这种心情，也始终伴随着这本书的创作过程……

文俊

① 约翰·里德．城市．郝笑丛，译．北京：清华大学出版社，2010．

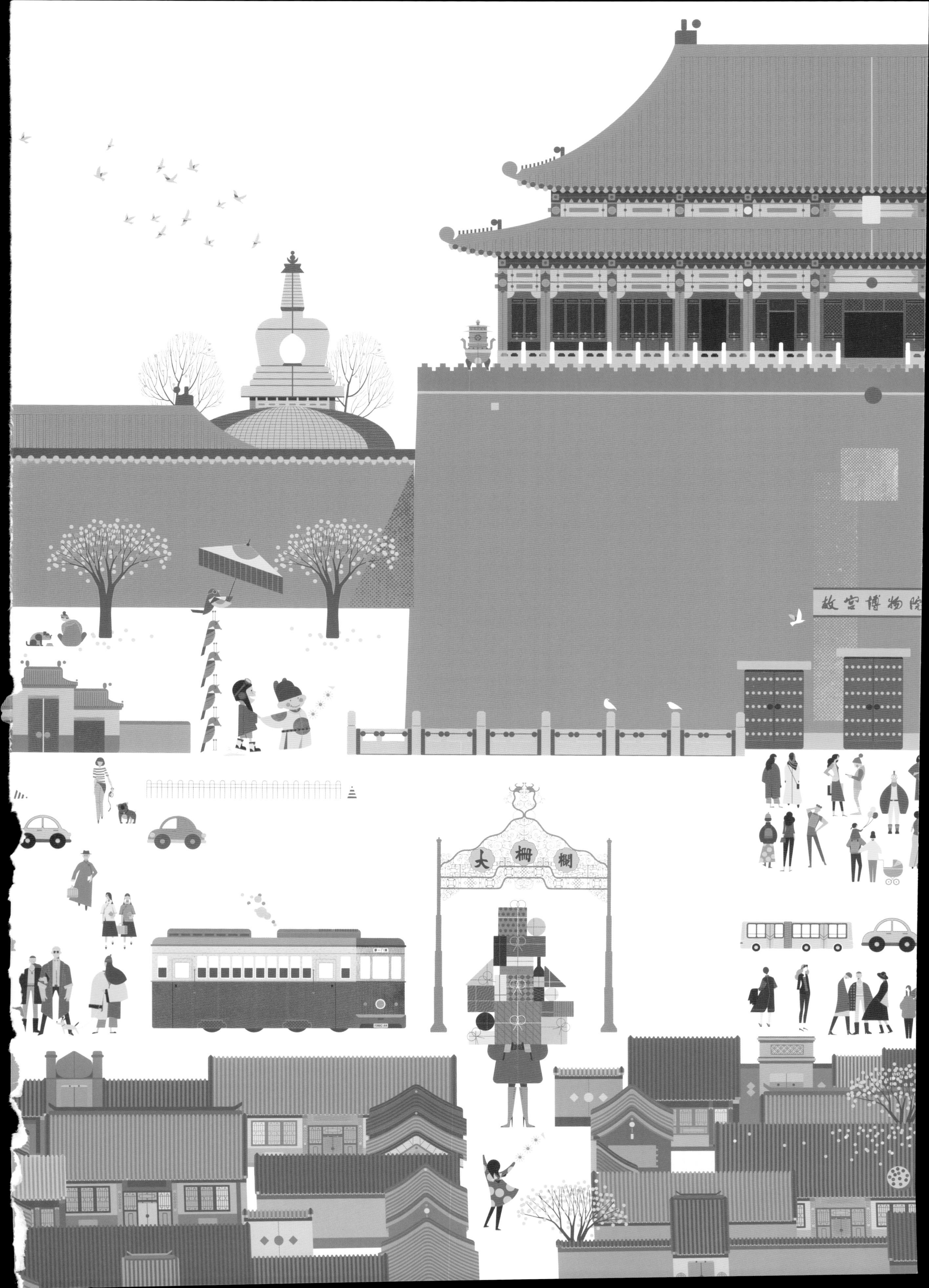
故宫博物院
大柵欄

冰糖葫芦
局
祖传
气
老炮儿青春爱跑队

这是北京，是中国的心脏。

它特别——特别——的大，
比纽约、巴黎、伦敦这几大城市的面积加起来还大；
这里一共住了大约2190万人[①]，
接近澳大利亚一个国家的总人口[②]；
有大约超过600万[③]辆车，
以及上千条胡同。

它大大的身体里装有现在，容纳着过往，
不仅包容着来自五湖四海的人与不同风格的建筑，
也在时间中沉淀了数不清的历史故事。
这里发生过很多国家大事，
皇帝登基，祭祀天地，国家庆典……
也有很多大型“国宝”，不但可以看，甚至还能逛，
国家博物馆里的大宝贝告诉你一件遥远的古代大事，
古老的建筑和城墙讲述着古代中国人的空间秩序，
巨大的铜钟敲打着人们关于时间的记忆，
……

规模之大，时空之大，历史之大，
在这里汇聚成独一无二的大城北京。

① 根据北京市第七次全国人口普查主要数据，2020年11月1日零时，北京市常住人口为2189.3万人。
② 据“世界银行（shihang.org）”数据，2021年澳大利亚人口约为2574万。
③ 据新华社“公安部最新统计，截至2022年3月底……北京汽车保有量超过600万辆”。

安全第一
品质第一
TAI KOO LI
太古里
A1出口
5Line
急救120
公安
燕郊 811 大北窑

P
《爸爸妈妈Follow me》
摄制组
THIS is OUR 北京 BEIJING!
钱粮胡同幼儿园
SCHOOL BUS
STOP
POLICE
STOP
涮羊肉
STOP

## 北京像一个巨大的时间容器，
## 里面装着很多古老的宝贝和崭新的事物。

比如这是北京最古老的地上建筑，天宁寺塔。
它一共有13层，每层8个角，上面有很多精美的佛像、动物和莲花雕塑。

它900岁了。

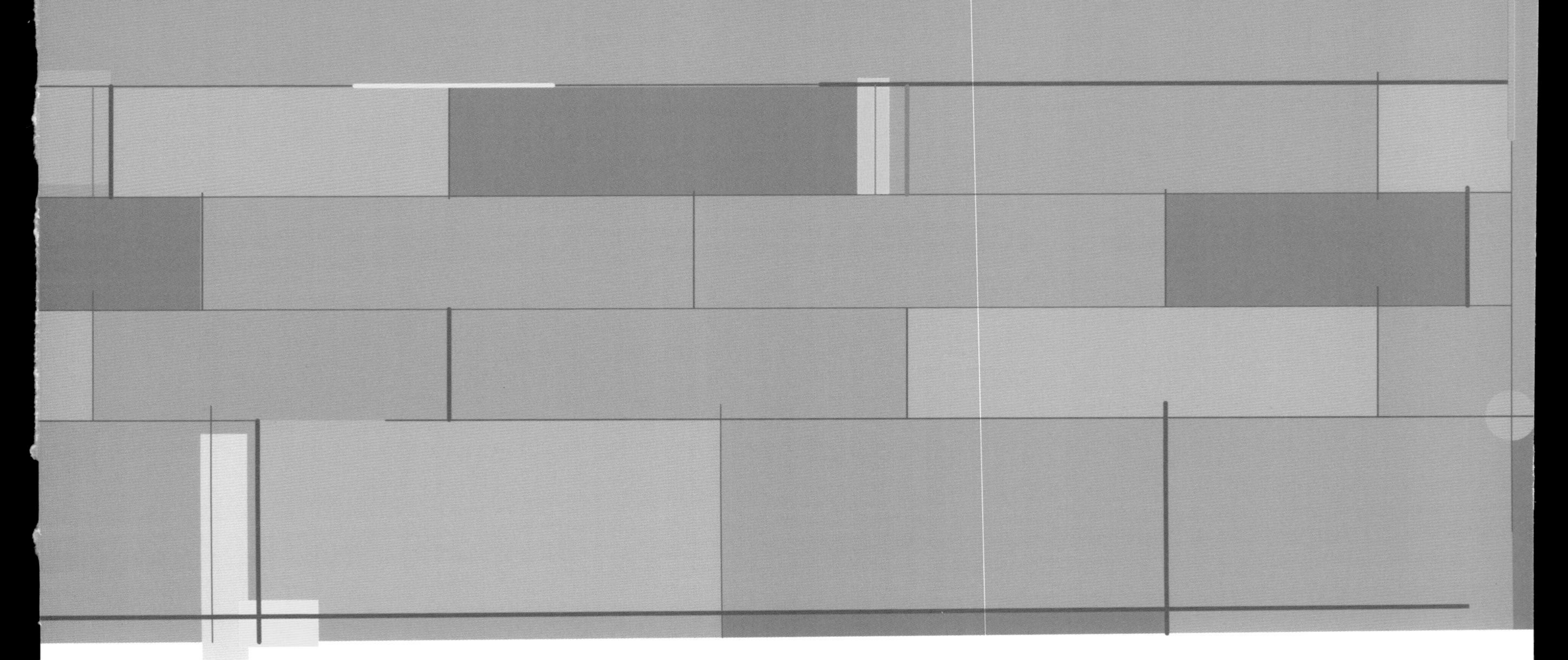

**天宁寺塔** ●● 木头不仅是中国传统建筑中常用的材料，而且用它还可以做出各种漂亮的建筑部件。但木制佛塔并不容易长久保留，雷击或是火灾能轻易将其摧毁。因此，木结构的塔留下来的较少，而砖石结构的塔留下来的较多。

天宁寺塔便是一座砖石结构的密檐式佛塔，建于辽代（约1120年）。平面是对称的八角形，带有密集的外檐。塔的第一层比较高，往上各层都被层层压低，使得屋檐看起来非常密集。在我国古代宋、辽、金时期，密檐式佛塔在北方非常流行。

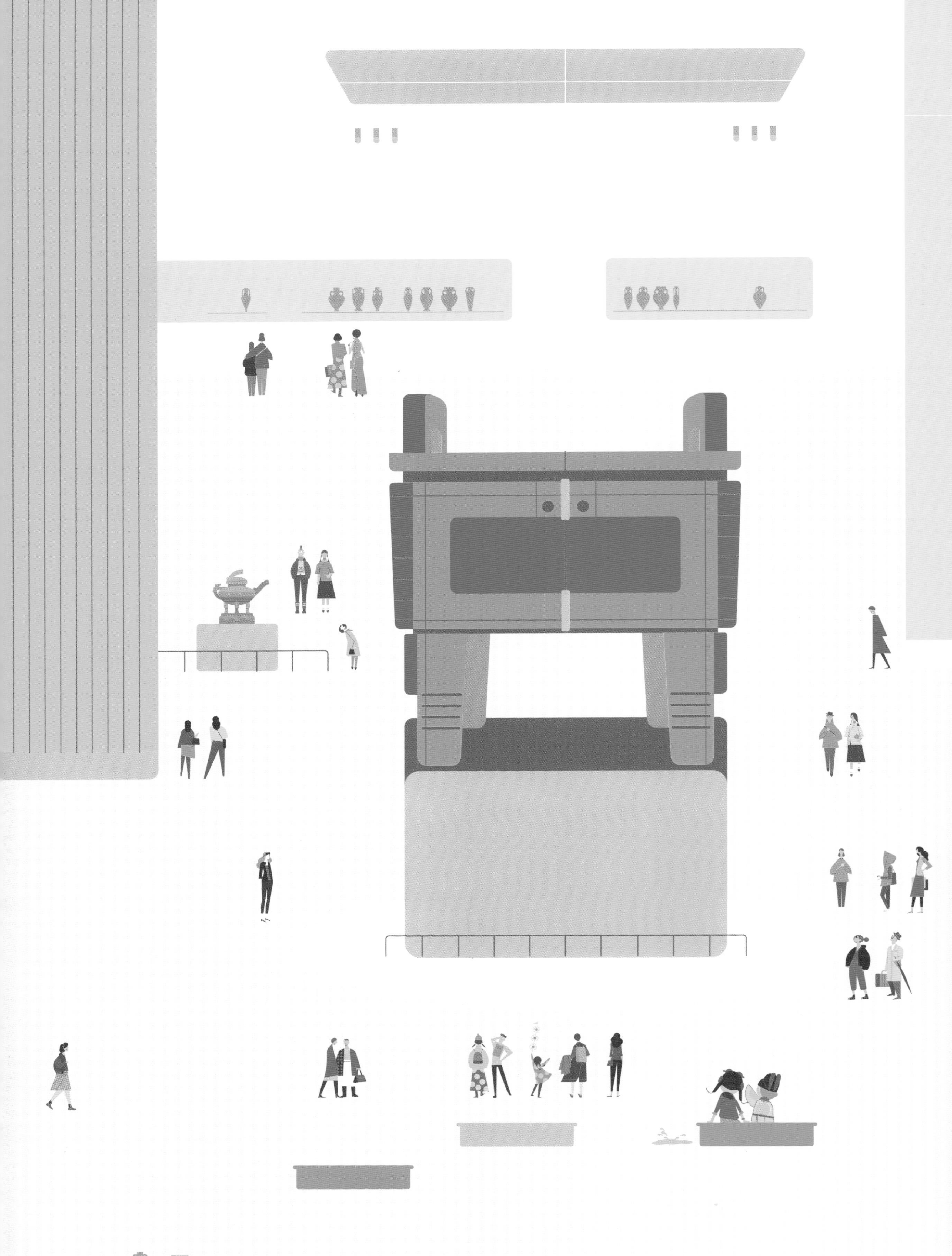

## 国家博物馆里收藏着久远、灿烂的华夏文明。

看！这里有件大——宝贝：后母戊大方鼎。它和古代的一件国家大事“祭祀”有关。纪念祖先的仪式叫祭祀，这是中国传统里一个家族的大事情。不管是普通人家还是皇家，祭祀都是一件大事，从仪式到礼器，都要认真准备一番。

后母戊大方鼎是三千多年前的一位国王，为了纪念他的妈妈而制作的。它有133厘米高，大概和你差不多高吧，但可比你重多了，将近850千克，30个像你一样的小朋友加在一起，可能也没它重。

仔细看它的长方形鼎身和下面的四个鼎足，上面都雕刻着美丽的花纹，它们叫作盘龙纹和饕餮纹。龙和饕餮都是传说中的神秘动物，没有人见过。

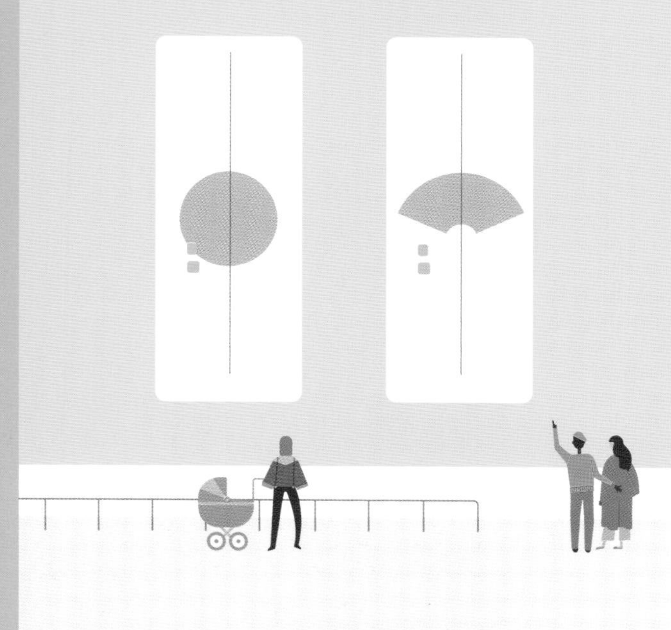

### 后母戊大方鼎

后母戊大方鼎是目前出土的最大、最重的中国古代青铜器，有人称它为镇国之宝。“鼎”是中国古代的一种食器，但在商周时期，它也是一种显示独特身份的器物。鼎的使用数量有严格的等级规定，比如天子用九鼎、诸侯用七鼎、大夫用五鼎等。后母戊方鼎便是商周时期最为重要的礼器，是商王为了祭祀母亲戊所制。除了鼎耳，它的器身和四足是一体铸造而成，在不同的部位装饰有不同的花纹。整体造型、纹饰、工艺都显示出了极高的制作水平。

展厅里不但有这件大大的国宝，还藏着一个小国宝：**虎鎣**（yíng），你能在画面里找到它吗？这是一件青铜盛水器。

### 虎鎣

西周晚期祭祀时用的青铜器。人们首先会注意到它盖子上的老虎和把手上的龙首。据记载，它最早被收藏在圆明园，一直作为宫廷收藏而存在。但随着1860年圆明园被毁，虎鎣也被别人掳去，直到2018年才重回中国。

## 在北京城里，似乎能听到亘古的时间回响。

老城中心有两座特别的建筑，它们是钟鼓楼。胖的是鼓楼，瘦的是钟楼，一个在前，一个在后，它们曾掌管着古代京城里的时间大事。

在古代，人们会听着钟鼓楼发出的声响判断时间。早晨鸣钟，晚上击鼓，钟鼓声似乎敲打着每户人家的窗户，仔细听着它的节奏，“紧十八，慢十八，不紧不慢又十八”。

像是一首时间的歌谣，飘荡在空中，也惊醒了睡在胡同屋檐下的小鸟。

### 钟鼓楼

钟鼓楼是钟楼和鼓楼的合称，它们并非北京独有，以前，在中国几乎每个历史悠久的城市，都有这样两座建筑。钟鼓楼以前早晚击鼓撞钟，作为开关城门的信号，之后钟鼓楼的主要用途便是用来给老百姓报时。为了使钟鼓声传遍全城，钟鼓楼通常是古代城市里最高的建筑物之一。

### 古代人如何划分一天的时间？

古人把一昼夜划分为12个时辰，一个时辰大概就是我们现在的2小时，同时用12个地支来代表12个时辰，从夜里11点至凌晨1点是第一个时辰“子时”。

古人还把一夜分为五更，从晚上7点至次日5点止，一更大约就是我们现在的2小时。晚上7点至9点为一更，9点至11点为二更，11点到凌晨1点是三更。对了，就是“半夜三更”的三更。

钟楼

## 钟楼

钟楼里有一口巨大的铜钟，它被称为“古钟之王”。这口大铜钟有7.02米高，63吨重，是中国现存最大、最重的古代铜钟。以前还没有那么多高楼的时候，它洪亮的钟声可以传播很远。

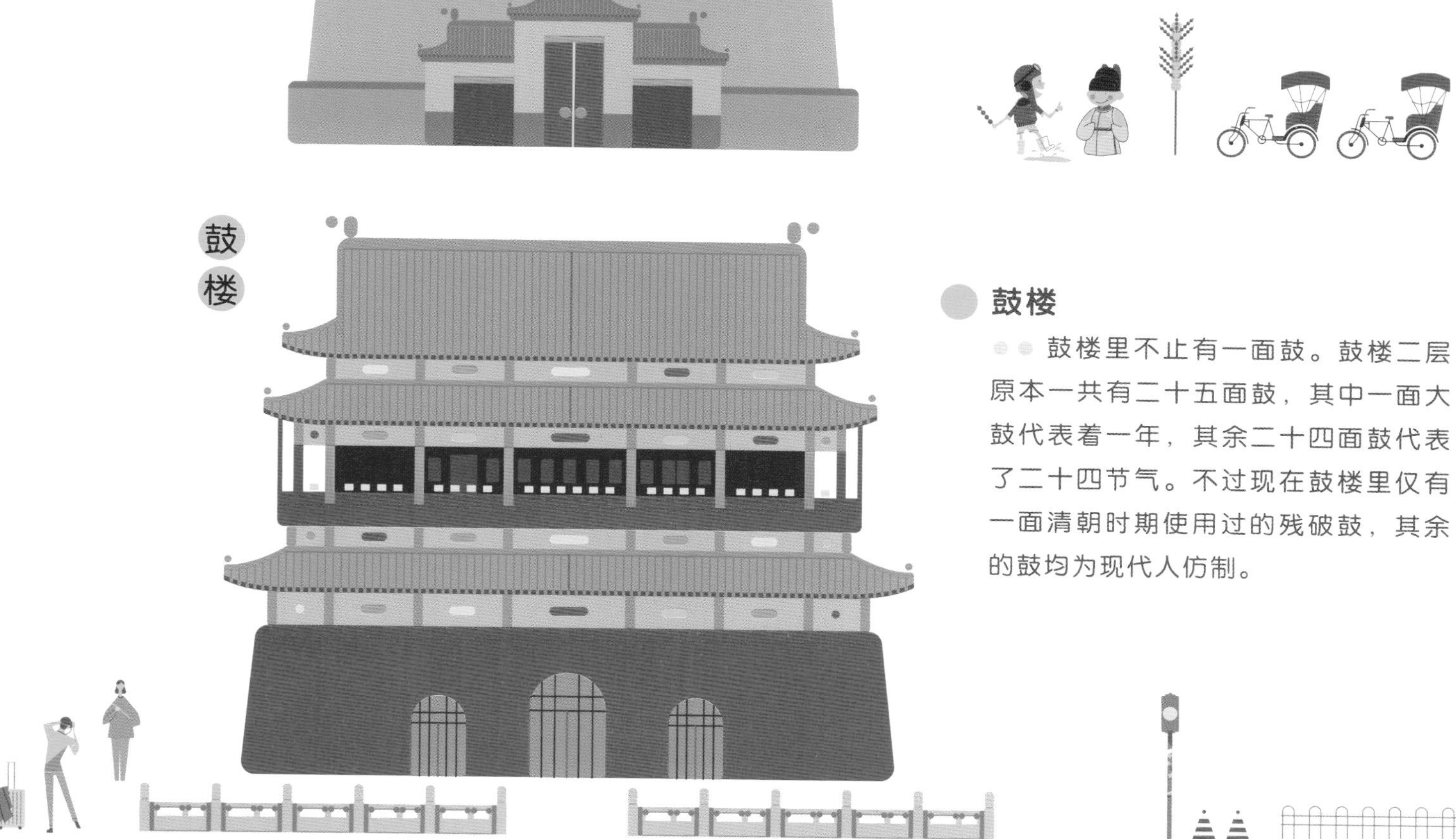


## 鼓楼

鼓楼里不止有一面鼓。鼓楼二层原本一共有二十五面鼓，其中一面大鼓代表着一年，其余二十四面鼓代表了二十四节气。不过现在鼓楼里仅有一面清朝时期使用过的残破鼓，其余的鼓均为现代人仿制。

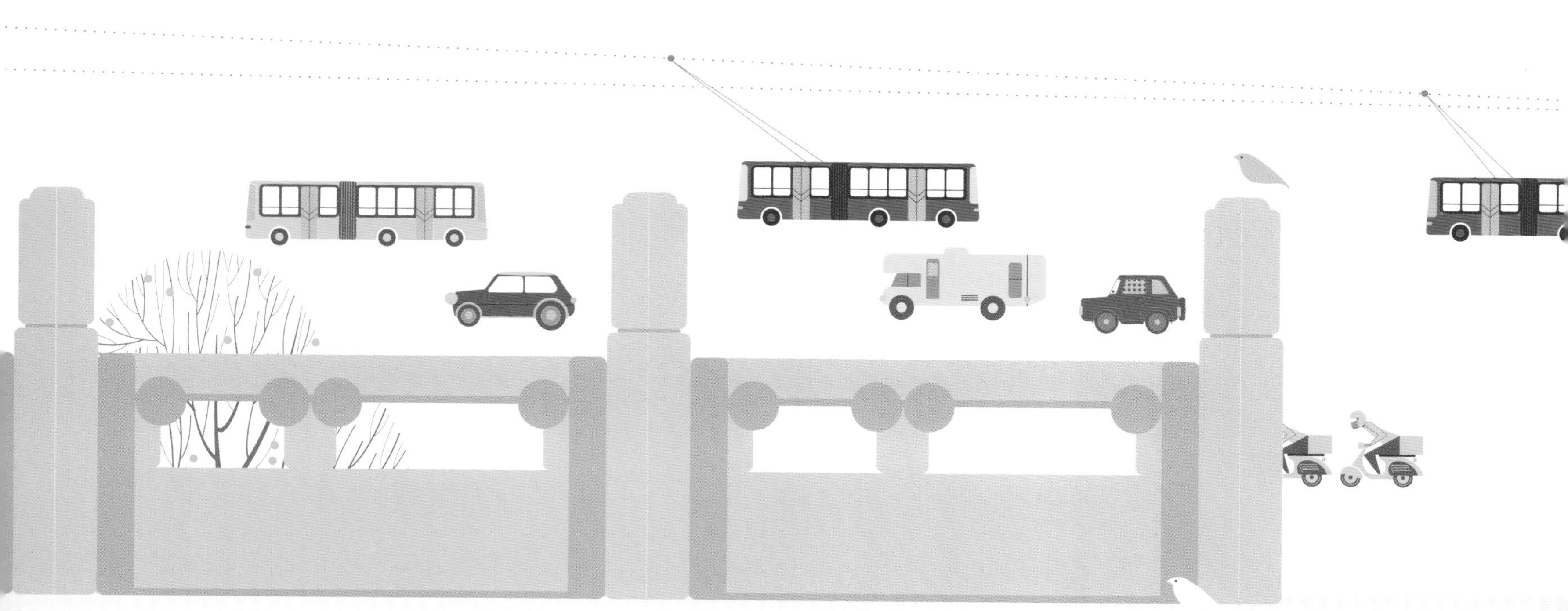

**以前的北京城曾被厚重的城墙和高大的城门围起来。城墙和城门带来了威严，也守护着北京城的规矩与秩序。**

北京有很多和“门”有关的地名。前门、崇文门、宣武门；东直门、西直门；安定门、德胜门……这些地名以前便是城门所在，“内九外七皇城四”说的就是这些曾经存在的高大城门：内城九门，外城七门，皇城四门。

以前有个瑞典人**喜龙仁**①便被这座城市的威严所震撼，他写道：“在这道长达14英里、环绕着伟大首都的城墙上，镌刻着这里几百年的时光和人类奋斗的痕迹。”

当你站在正阳门城楼和前楼下去试着想象时，是否能感受到他的心情？

## 正阳门

正阳门位于北京中轴线上，是以前北京内城的正南门，大家也称它为前门，因为它就在皇城和宫城正前方。最初修建北京城时，这里只修建了城楼，名为丽正门。之后才增修了瓮城（Wèng Chéng）、箭楼和左右闸楼，并改名为正阳门。在之后的岁月里，正阳门又历经了多次重建和修缮，我们现在看到的正阳门并不是它最初的模样。

①喜龙仁（Osvald Sirén，1879—1966），瑞典艺术史学家。1920—1921年旅居中国，著有《北京的城墙与城门》等书。

## 瓮城

●● 古代城门通常包括三部分：城楼、箭楼、瓮城。为了加强防守，古人会在城楼外修建半圆形或方形的建筑，这就是瓮城。瓮城将城楼与箭楼连在一起，箭楼在最外，带有可以远眺且能射箭的窗孔。正阳门的瓮城因修路被拆，所以它的城楼和箭楼就成了独立的两部分。

## 颐和园是中国最大的皇家园林，它采撷了五湖四海的美好风光。

它坐落在北京的西郊，气度非凡，有一副皇家的大派头。

大约在1750年，乾隆皇帝为了给自己的妈妈崇庆皇太后庆贺60岁生日，开始建造这座花园，那时候它叫“清漪园”。

一百多年后的光绪皇帝为了让养母慈禧太后养老，重新建造“清漪园”，并且改名为“颐和园”。

在颐和园，有一片巨大的湖泊叫昆明湖。夏天，大家在湖上荡桨划船，穿过十七孔桥。

到了冬天，这片湖又变成一个巨大的冰上乐园，大人和小孩坐着冰车或穿着冰鞋，一起在冰上滑行。

### 三山五园

●● 以前，北京西山自然风景极为优美，山石俊美，溪流泉水点缀其间。清康熙时便开始在西郊修建“三山五园”皇家园林群：玉泉山的静明园、香山的静宜园、万寿山的颐和园、畅春园、圆明园。这些园林里面有供皇室游玩的景致，还有供皇帝处理政务的宫殿以及皇室和随从居住的建筑等。不过，圆明园在1860年的第二次鸦片战争中被焚毁。

### 颐和园

●● 1886年清漪园重建后更名为颐和园，主要由万寿山和昆明湖两部分组成。大部分建筑集中在万寿山上，山上的佛香阁是颐和园的标志性建筑，也是颐和园建筑群中的主体建筑。颐和园约有500个标准足球场那么大，但皇家园林的气派不仅体现在规模上，也体现在园林的总体布局和设计上。颐和园万寿山上的建筑群在规划上极为讲究，强调对景以及中轴线的布局。佛香阁便坐落在万寿山前山的中轴线上，俯瞰昆明湖，以它为中心的建筑群向两侧对称展开。

### 来自五湖四海的美好风光

●● 颐和园不仅展现着皇家气派，也汇集了全国各地的美好风光。比如，西堤是借鉴杭州西湖的苏堤而建的。苏堤上有六座石拱桥，西堤上也有六座各具特色的石桥。又如，以无锡著名私家园林寄畅园为灵感而建的谐趣园，精致玲珑，具有江南园林的神韵，成为一处引人入胜的“园中之园”。除此之外，颐和园内颇具西藏风格的建筑和江南水乡韵味的苏州街，也都各有妙趣。

佛香阁
颐和园

## 北京有两个古代祭祀坛，一个圆形，一个方形。彰显着古代中国人对宇宙、四时的看法。

以前的人们对天地、自然和先祖心怀敬畏与崇拜，所以会有祭祀的仪式。

祭祀也是古代的国家大事，特别是祀祭天地，只有皇帝才有资格。北京有好几处古代皇家的祭祀场所。

## 有大大圆坛的是天坛，皇帝在这里祀天神，祈丰年。

皇帝自称为天子，以祭祀天神最为重要。“天圆地方”是古人的宇宙观。他们并不知道地球的模样，于是便认为天是圆的，地是方的，天罩着地。祀天便是用圆坛，被称为“圜丘”。天坛里最华丽的建筑是祈年殿，坐落在三层六米高的圆形基座上，皇帝在这里祈求丰年，这也正是祈年殿名字的由来。

**祈年殿**

祈年殿的一切都强调着与“天”的联系：祈年殿以圆形、碧蓝琉璃瓦象征“天”；殿内4根立柱代表一年中的四季，外围两排各有12根柱子，分别代表12个月和12个时辰。

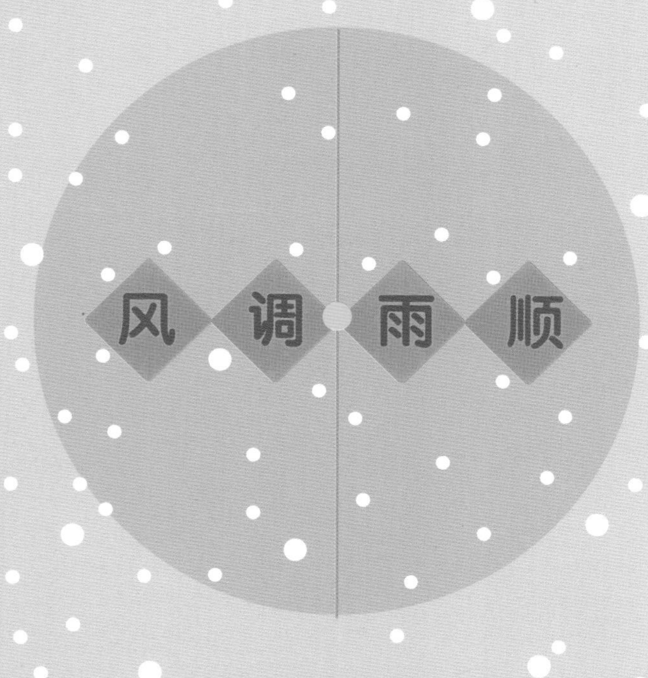


瑞雪

## 有大大方坛的是地坛，以前这里是皇帝祭地神的地方。

现在这里成了一座公园，谁都可以进，早上有人在这儿打拳，也有人跳舞、踢毽子。

还有人在这儿遛鸟，前后轻轻地晃动着手里罩着布的鸟笼，慢悠悠地走着。养鸟的人聚在一起，将鸟笼挂在相距不远的树梢上。鸟儿互相说着话，人们也热闹地聊着天。

曾经有个作家，喜欢到地坛来读书思考，他后来写了一篇散文，就叫《我与地坛》。这里给他带来了一段十分安静的时光[1]。

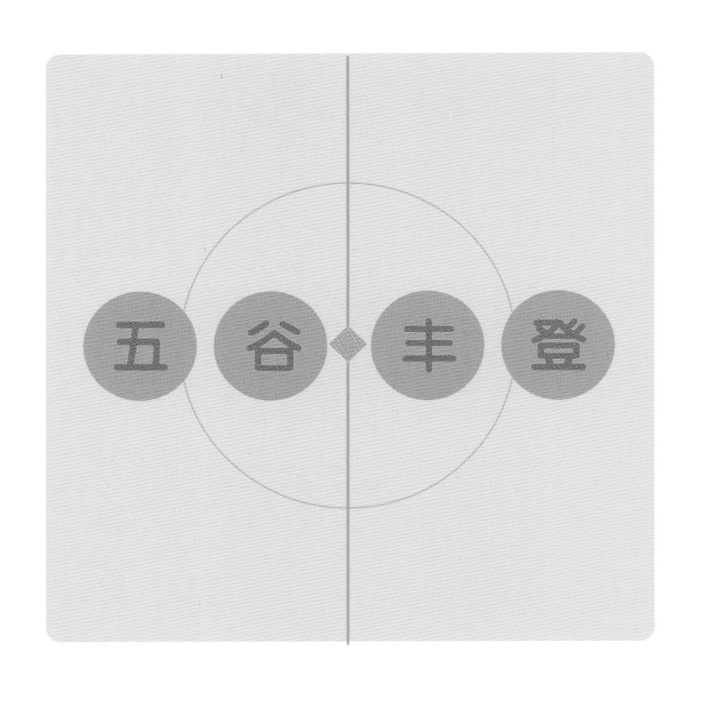


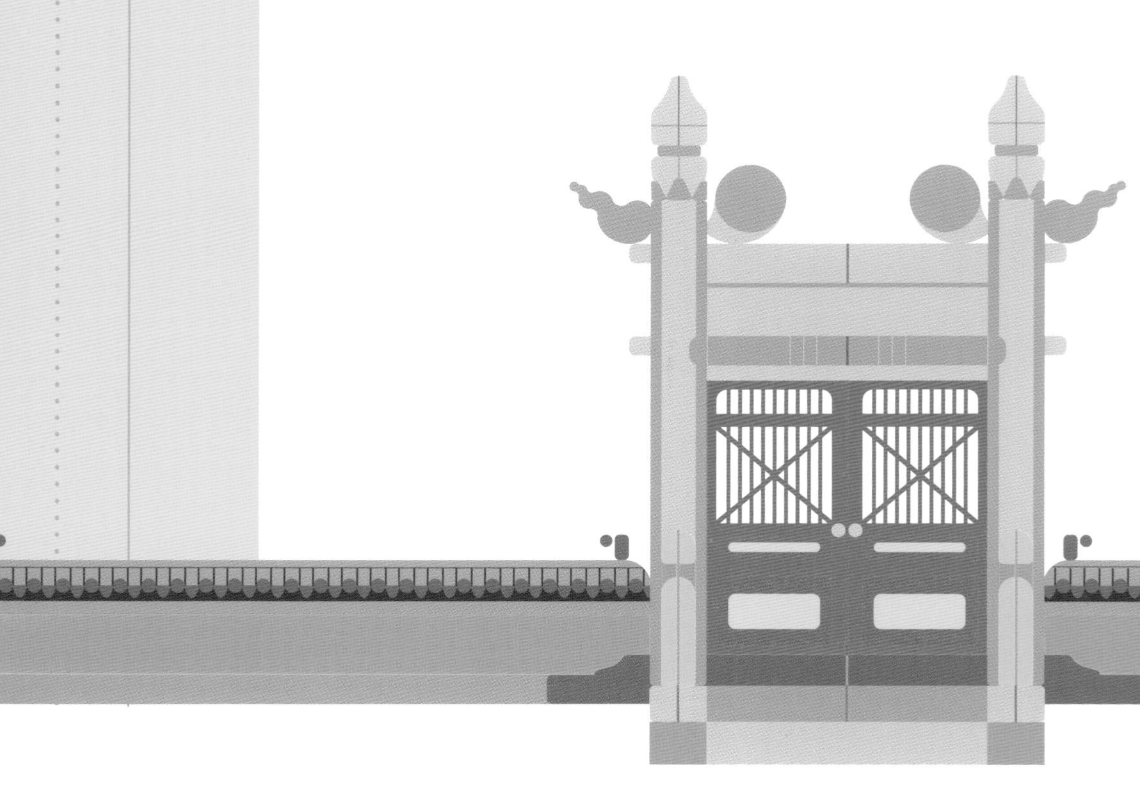

[1]《我与地坛》是中国已故当代作家史铁生的著名作品。21岁双腿瘫痪后的最初几年，他曾写道："我找不到工作，找不到去路，忽然间几乎什么都找不到了，我就摇了轮椅总是到它那儿去，仅为着那儿是可以逃避一个世界的另一个世界。"地坛成为他寻求希望的载体，他在这里思考生命的哲学，获得宁静。

### 通天的门

不管是天坛还是地坛，祭坛的东、西、南、北四个方向有牌坊似的汉白玉棂星门。在古人的想象中，这是祭坛内外天人之间的界限。

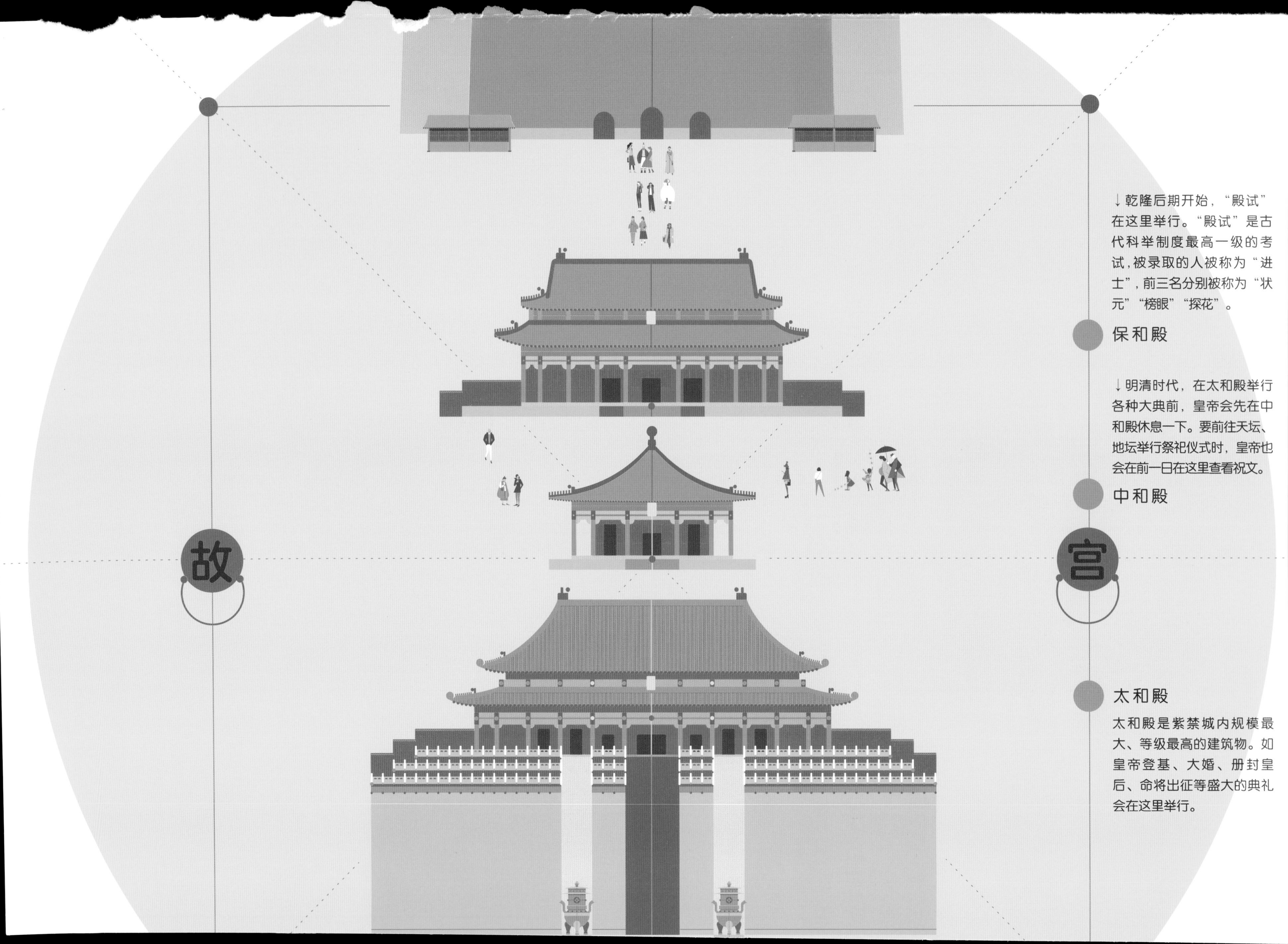
故
宫
↓乾隆后期开始，“殿试”在这里举行。“殿试”是古代科举制度最高一级的考试，被录取的人被称为“进士”，前三名分别被称为“状元”“榜眼”“探花”。
保和殿
↓明清时代，在太和殿举行各种大典前，皇帝会先在中和殿休息一下。要前往天坛、地坛举行祭祀仪式时，皇帝也会在前一日在这里查看祝文。
中和殿
太和殿
太和殿是紫禁城内规模最大、等级最高的建筑物。如皇帝登基、大婚、册封皇后、命将出征等盛大的典礼会在这里举行。

# 北京中轴线



## 钟楼

瘦的是钟楼。

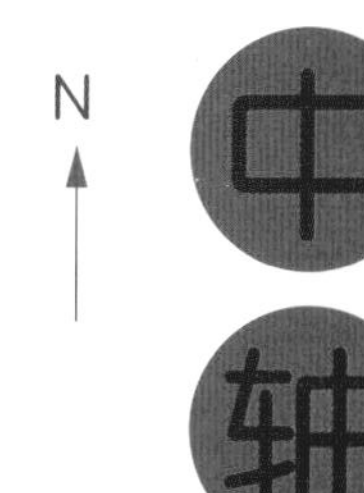

## 鼓楼

胖的是鼓楼。

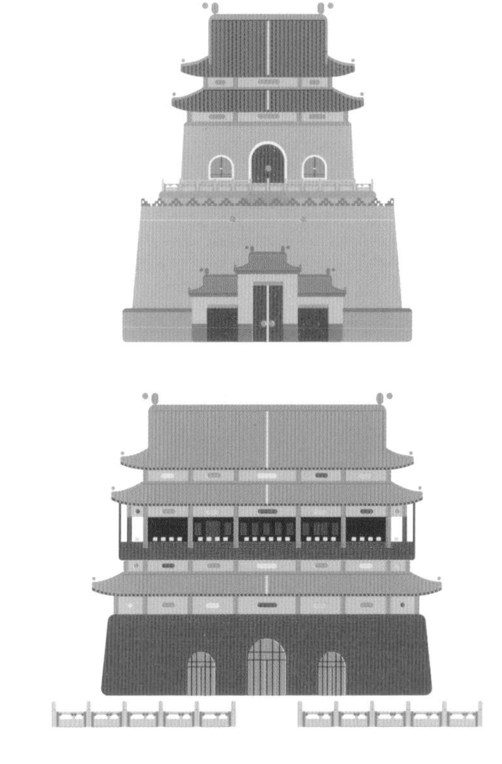

## 景山万春亭

景山公园小山上的万春亭，站在亭子的南侧就能看到故宫的全貌。

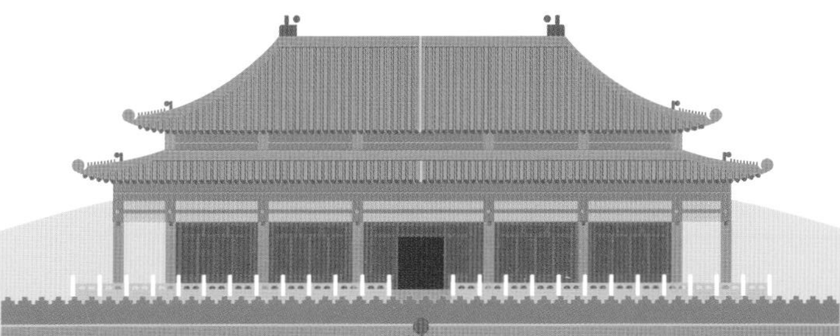

## 北京中轴线

元、明、清以来，北京城便沿着一条南起永定门，北至钟鼓楼的中线，左右对称地规划着建筑物的位置。这一路上高高矮矮的建筑组合便是北京城的中轴线；它可以说是这座城市的“精气神”。

梁思成曾在《北京——都市计划的无比杰作》说道“一根长达八公里，全世界最长，也最伟大的南北中轴线穿过了全城。北京独有的壮美秩序就由这条中轴的建立而产生。前后起伏左右对称的体形或空间的分配都是以这中轴为依据的。”

这条中轴线连着古代北京城的外城、内城、皇城和紫禁城，体现了古代以帝王为中心的思想。

## 神武门

神武门是紫禁城的北门。

## 对称，是北京城市规划、建造和生长的基础。

金朝的皇帝将北京定为首都，元朝的皇帝规划了这座城市里最重要的中轴线。它就像这座城市的根，从此以后，北京城就沿着这条贯穿南北的中轴线对称生长。

建筑师**梁思成**①曾说："北京独有的壮美秩序就由这条中轴线的建立而产生。"

像天坛和先农坛，便是沿着中轴线对称而建；正阳门、景山公园和钟鼓楼，则坐落在中轴线上。而依据最严格的规矩和秩序而建造的故宫，就在中轴线的最中心位置，这里曾是皇帝的家。

最初是明朝的皇帝朱棣修建了这座宫殿。之后的六百多年里，共有24位皇帝在这里居住，每个人都小心地维护着它，对里面的一些建筑进行修缮或改建。这座皇家宫殿在时间里慢慢生长。

①梁思成（1901.4.20—1972.1.9），是一位非常了不起的建筑历史学家、建筑教育家和建筑师，他被称为中国近代建筑之父。1946年创办清华大学建筑系（即现在的清华大学建筑学院），也曾参与人民英雄纪念碑、中华人民共和国国徽的设计。梁思成一生致力于中国古代建筑的研究和保护，他与中国营造学社的成员考察中国古建筑遗迹，以现代建筑学的严谨态度对当时中国大地上的古建筑进行了详细的勘探，记录了大量珍贵数据。

## 秩序和规矩是建造皇宫——紫禁城的头等大事。

紫禁城现在叫故宫，现存建筑980余座，规规矩矩，秩序井然。

重要的宫殿同样都坐落在中轴线上，其他宫殿沿中轴线对称分布。

所有殿宇中最大、最重要的是太和殿，这里曾举行有关皇家大事的仪式和盛典。

白色的基座，红色的墙壁与窗户，黄琉璃瓦的屋顶，屋檐下绘有最高级的龙纹和玺彩画，庄严华美。它的屋顶有两层，叫重檐庑殿顶。这是古代建筑中最高等级的屋顶形式。即便是皇家，也只在最重要的殿宇中使用。

## 正阳门城楼

古代城门通常包括三部分：城楼、箭楼、瓮城。正阳门的瓮城因修路被拆，所以它的城楼和箭楼就成了独立的两部分。

## 正阳门箭楼

正阳门是以前北京内城的正南门，大家也称它为前门，因为它就在皇城和宫城正前方。

↓北京的中轴线南起外城的永定门，意为“永远安定”。

## 永定门

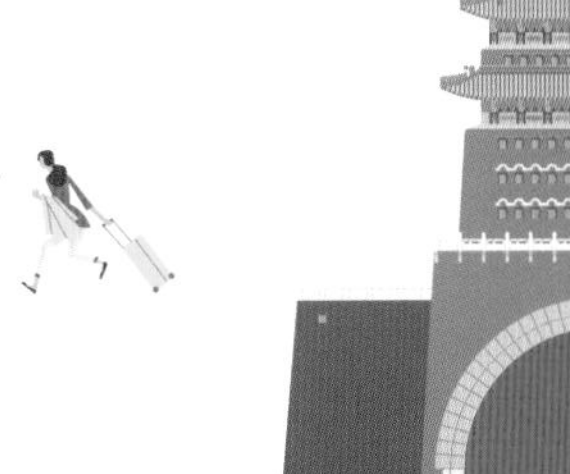

## 紫禁城

再来看紫禁城。天安门、午门、太和门、太和殿、中和殿、保和殿、乾清门、乾清宫、交泰殿、坤宁宫、坤宁门、御花园，这是一条宫殿的中轴线。从城市到宫殿，中轴线不仅仅是一条串起建筑的无形之线，同时也展示着中国古代文化中的中正思想和礼制制度。

## “中”的思想

大约在2500年前的春秋战国时期，孔子提出“不偏之谓中，不易之谓庸；中者，天下之正道，庸者，天下之定理。”不偏不倚就是中，中，即为天下的正道。更进一步，秦国吕不韦编纂的《吕氏春秋》提出“古之王者择天下之中而立国，择国之中而立宫，择宫之中而立庙”，意思是国君要在天下的正中建立国之都城，要在国之都城的正中建立宫殿，要在王宫的正中建立宗祠庙堂。

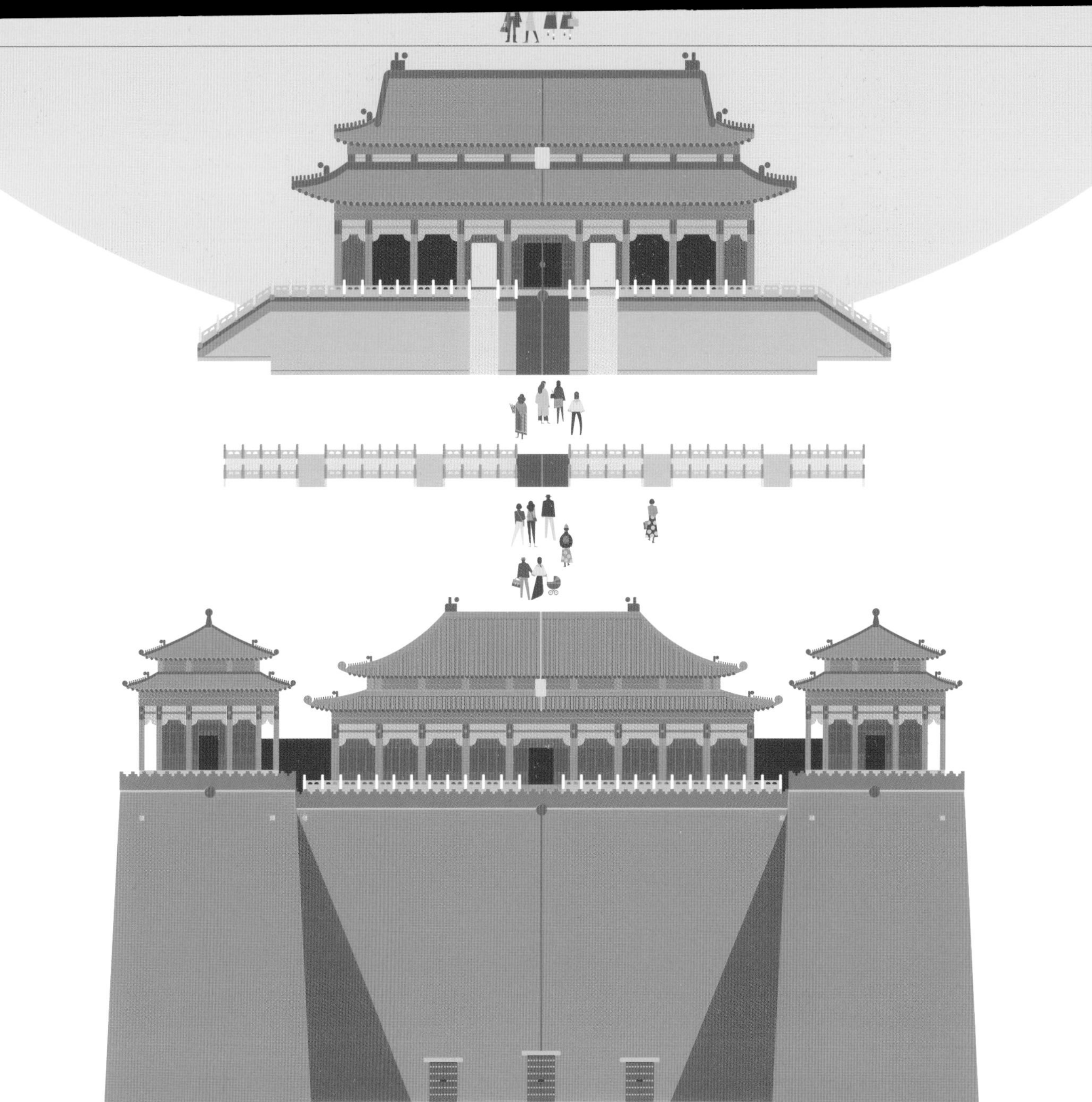

## 太和门

太和门是外朝宫殿的正门，也是紫禁城内最大的宫门。进入太和门后，景色开始肃穆起来。

## 内金水桥

在太和门前的这个广场上，内金水河自西向东流过，河上的五座石桥，便被称为内金水桥。

## 午门

午门是紫禁城的正门，位于紫禁城南北轴线。明朝时，皇帝处罚大臣的“廷杖”就在这里举行。

太和殿
故宫

## 太和殿

●● 太和殿，俗称“金銮殿”，自明朝建成后多次被焚毁并重建。今日的太和殿是清代康熙三十四年(1695年)重建的样子，比最初的规模小。位于紫禁城中轴线上的太和殿尊贵无比，整个建筑都是按照最高等级而建。

它的屋顶是最尊贵的重檐庑殿顶；它的檐角上有10个小兽，这可并不多见；檐下有密集斗拱，梁枋上画的是建筑彩画中最高级的和玺彩画；门窗上的纹路同样是最高等级的三交六椀菱花；太和殿前的平台上有象征长寿的铜龟、铜鹤，以及象征皇权的古代计时器日晷和古代标准量器嘉量。

景山
万
春
亭

## 站在景山上，你可以对这种对称的空间秩序一目了然。

景山的意思是高大的山。公园里的山最初来自开凿北海的淤泥，之后渣土淤泥不断堆积至此，渐渐形成山势。

可以说它是伴着这座城市一起生长，经历快乐与忧伤。爬到山顶，可以看到故宫的辉煌全貌。

## 北京已经三千多岁了，作为都城也有八百多岁了。

它并不是一开始就这——么——大——。就像一棵大树要从小树苗长起，它也是从小小的一座城池开始慢慢生长。

**万春亭**

●● 万春亭位于景山公园的最高处，也是北京中轴线的最高点，可以一览故宫全景。其实景山公园一共有观妙亭、周赏亭、万春亭、富览亭、辑芳亭五个亭子，分别建在景山公园的五座山峰上。

## 宫墙外，二环内，这里是充满人间烟火的老北京。

这里是胡同、平房和四合院的世界。街道和房子都围绕着那座巨大的宫殿而建，一片片青砖灰瓦的屋顶，像起伏的波浪，连绵荡漾。

夏天时，绿色的枝桠在灰色海浪中伸展。到了冬天，一片青灰中夹着一条条细长的胡同，有时候会有几条红色小鱼游荡在其中。仔细看看，原来是几辆红顶篷的人力车在穿行。兴奋的游客坐在上面，或许在想象着北京曾经的模样。

THIS is OUR 北京 BEIJING
冬
Winter

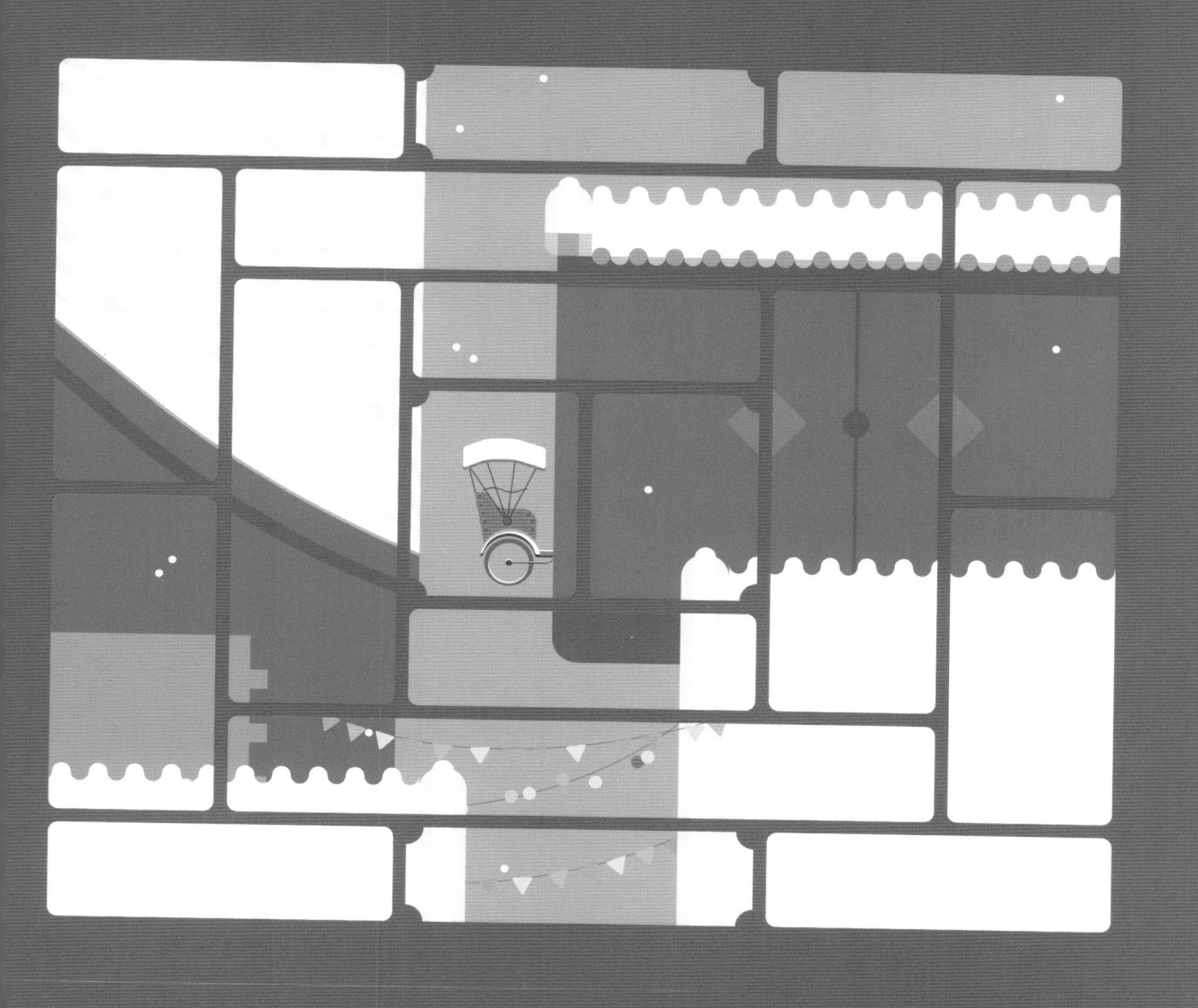

## 胡同是老北京的城市血脉。

胡同，意思就是可以让人随意行走的小巷。和北京的马路比起来，胡同都不宽，最窄的胡同只容得下一个人通过。人们给每条胡同都起了名字，用来标记每条胡同的特点：

比如烟袋斜街，它的形状就像一个大烟斗。

比如砖塔胡同，这是北京最古老的胡同，比故宫还要年长。它的名字来自胡同口的一座砖塔。

八道湾胡同曲曲折折，它可不只有八个弯。

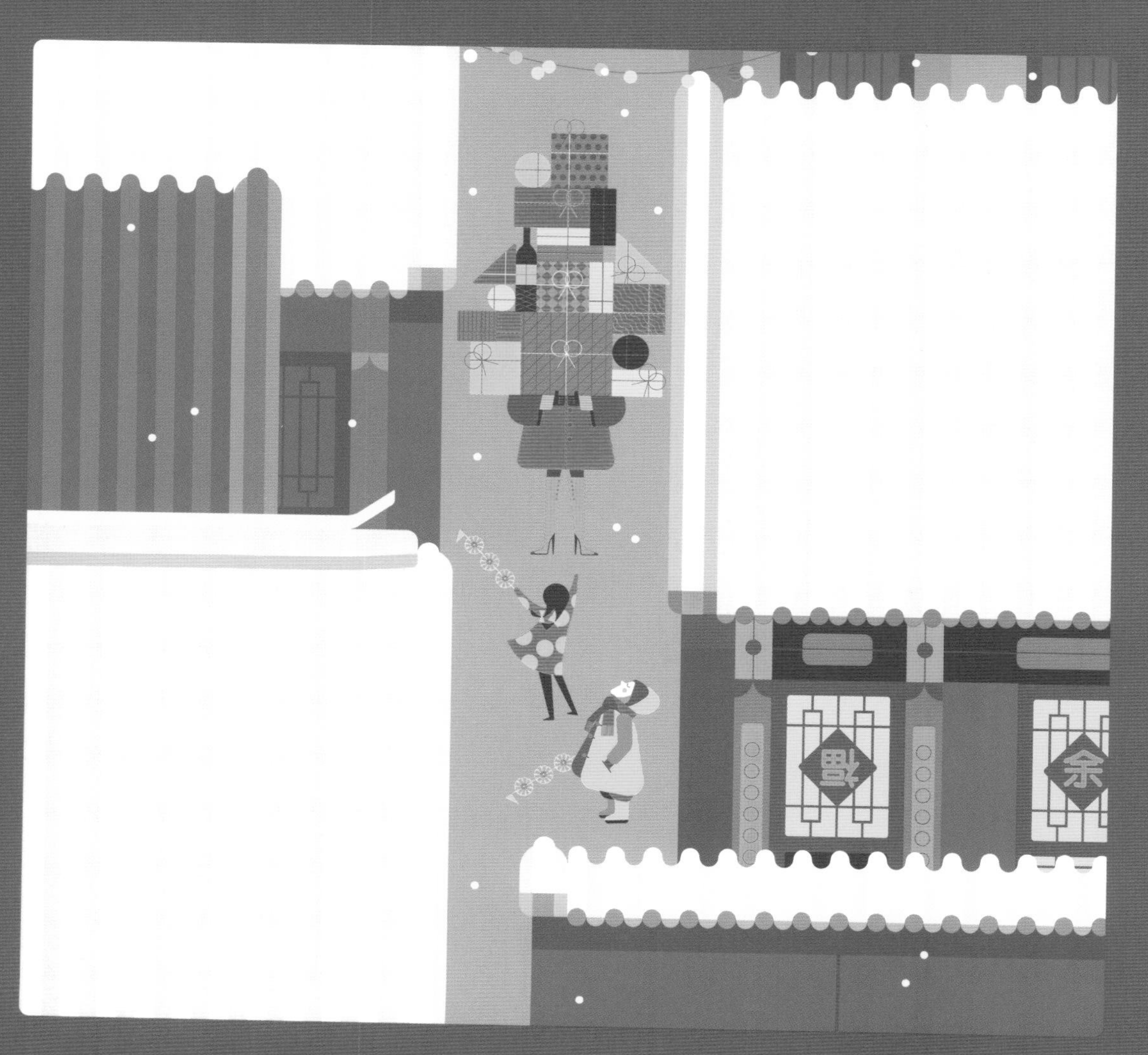


### 胡同的名字

●● 北京胡同的名字千奇百怪，而且包罗万象，在这些名字里你能找到花鸟鱼虫、各色手艺，有以市场命名的骡马市大街，以手艺命名的笔杆胡同，以寺庙命名的隆福寺街……宽的胡同干脆就叫它“宽街”，窄的就叫“夹道”，斜的是“斜街”。这些名字特色明显，非常口语化。这是因为以前胡同的命名都是老百姓怎么方便怎么叫的，可以说是口口相传。

春
Spring

明儿见
了您呐！
回见！
兔爷。
秋
Autumn
夏
Summer

## 东交民巷是北京现存胡同里最长的一条，动荡的历史凝固在了路边风格各异的建筑里。

道路两边的西式建筑让东交民巷明显地区别于北京的其他胡同。这里是曾经是使馆区，现在依旧保留了部分建筑旧址。

东交民巷13号是圣米厄尔教堂，哥特式的建筑挺拔向上。36号的花旗银行旧址现在是北京警察博物馆，门前四根高大的罗马爱奥尼柱上雕有优雅的涡卷装饰。正义路4号是正金银行旧址，转角处的它由红砖与清水砖交替堆砌而成，好像穿了件条纹衣服。和它比起来，东交民巷19号的法国邮政局旧址，看起来就朴素多了。

### 东交民巷

元代时，东交民巷和西交民巷是连在一起的，地处南粮北运的咽喉要道，所以被取名为江米巷。明代将这条连在一起的街巷切成东江米巷和西江米巷。1900年前后，东江米巷被划为使馆区，之后出现了英国汇丰银行、日本正金银行、法国邮政局、六国饭店等，都是风格各异的西式建筑。

### 圣米厄尔教堂

教堂主体那两座高高向上的锥形尖塔就是哥特式建筑的代表元素，窗户是彩色花玻璃窗。

## 法国邮政局旧址

●● 这是一座折中主义风格的建筑，是西式建筑与中式建筑相融合的产物。它是砖木结构，门廊的廊柱是西方古典主义样式，顶部有中式女儿墙，装饰有中式砖雕。

## 花旗银行旧址

●● 这是一座砖石结构的厚实建筑。它显眼的四根罗马爱奥尼式巨柱，显示出典型的西方古典主义建筑特征。

## 正金银行旧址

●● 它位于交叉路口处，两层楼高的西方古典主义建筑外观非常醒目。砖石外立面，内部是木结构。

## 胡同里的树高大壮实，见证着季节流转、时移事易。

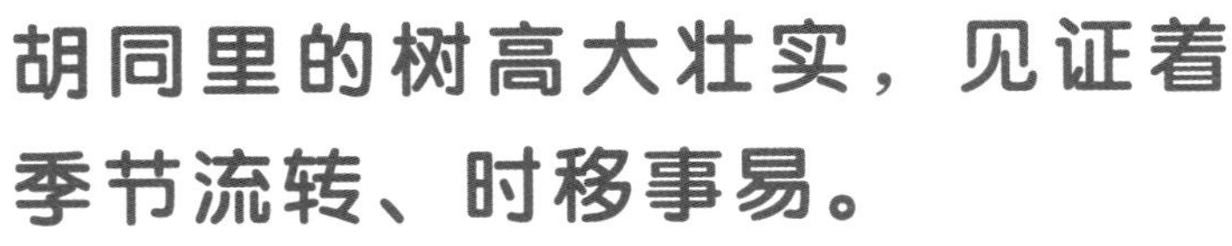

夏天的时候，大树的枝叶遮蔽了旁边人家的院落，也给胡同里的行人带来阴凉。

胡同里的午后总是很安静，有时候你甚至能听见几只猫在房顶上跳动的声音。一阵自行车的铃响，就能传遍整条胡同，吵醒在树上打瞌睡的猫和躺在胡同摇椅上的老大爷。

### 四合院里的树

●● 老北京四合院里的树木可不是随便种的，通常都是选择寓意吉祥的树，比如枣树、海棠或石榴树。发音不吉祥的树通常不会出现在院里，比如桑树（桑与丧谐音）、柏树（柏与败谐音）等。

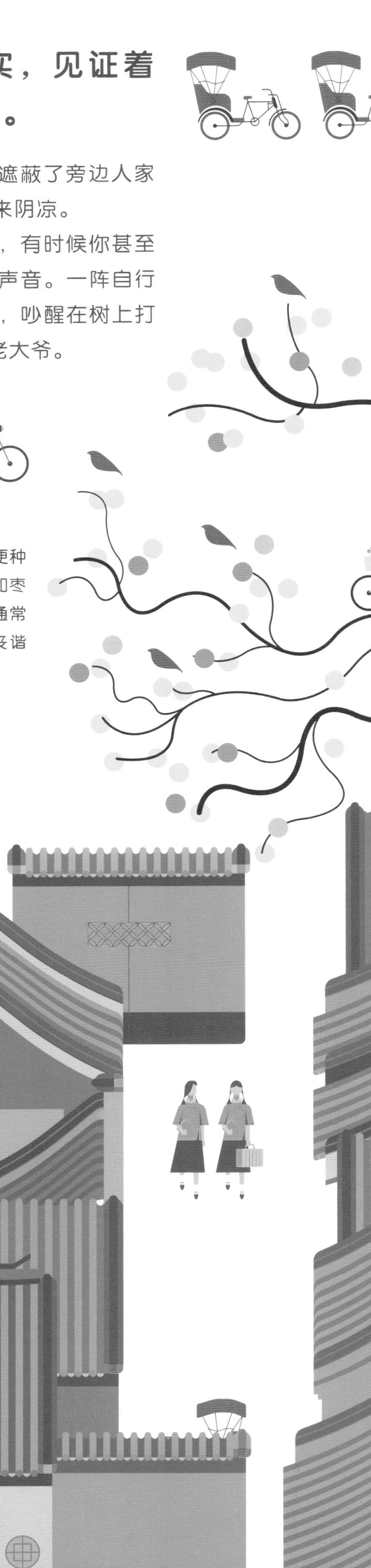

囍

余 有 年 年

到了冬天，窗户下就会摞起高高的蜂窝煤垛，整整齐齐；也有人家的窗台上立着白菜，一棵挨一棵。

还有人把刚买来的几串糖葫芦插在窗户的缝隙间，在阳光下，那层冰糖亮晶晶的。

### 北京四合院

传统的北京四合院布局非常规整，设计讲究。最简单的四合院形式是一进四合院，只进一个大门，只有一个院子，四周围有房屋。如果有两个院子，需要进两个门，就叫两进四合院，以此类推。还有三进、四进等，两进以上的四合院通常是官员、士绅或大户人家的住所。

普通人家的四合院通常是一进：进大门后就是由倒座房、正房、厢房围成的院子，不同朝向的房屋按照礼制供不同的人居住。以北为尊，北房为正房，一般是长辈居住。东、西房为厢房，是晚辈的住所，南房门向北开，所以称为“倒座房”，这里通常是客房。

公安

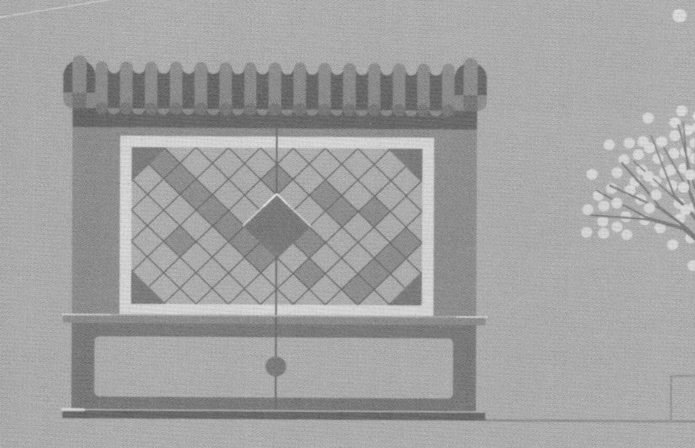

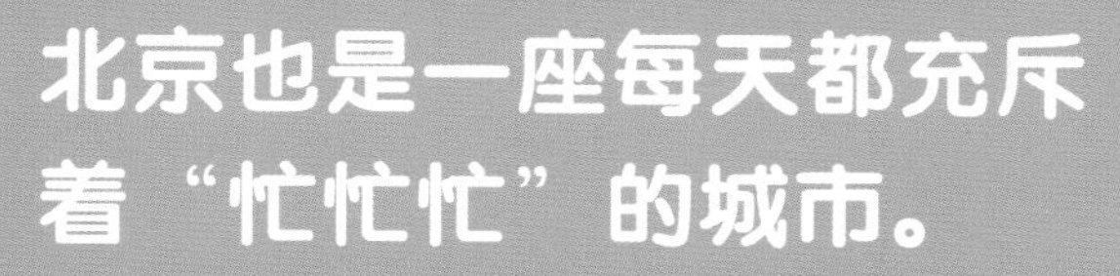

## 北京也是一座每天都充斥着“忙忙忙”的城市。

这座城市里的人总是很忙，不是在忙，就是在去忙的路上。

早上8点和下午5点是它最忙的时候。地上很忙，宽宽的马路、桥上桥下都塞满车辆，不管大车还是小车，都小心翼翼地移动。

国贸站
A1出口
5Line

公交车站排着长长的队伍，人们身上都还沾着睡梦的味道。

你看，靠着站牌的“红格子”先生，他的眼睛都闭上了。他闭着眼睛等车，打着哈欠上车，

即便到了车上，他还在挤满人的公交车里摇摇晃晃地打着瞌睡点着头，眼镜都快掉下来啦。

服
我

房贷：4923
幼儿园：2500
生活费：3000
……
+−x ÷ = ¥

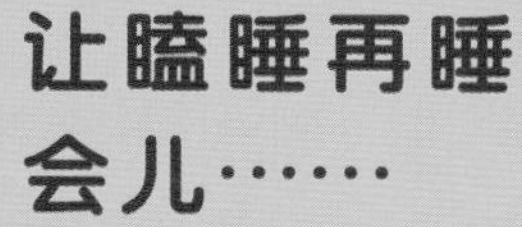
让瞌睡再睡
会儿……

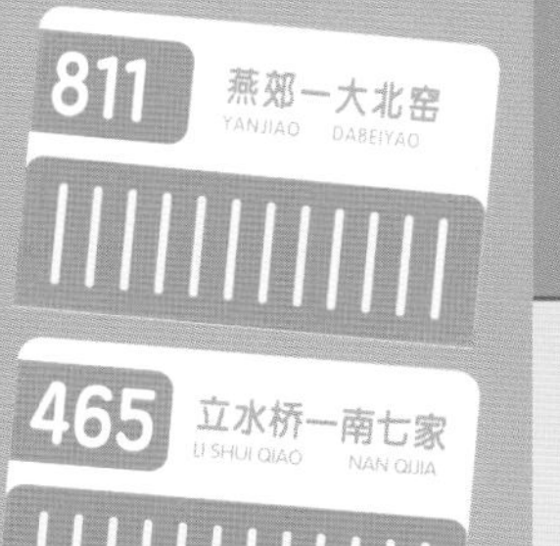
811 燕郊一大北窑
YANJIAO DABEIYAO
465 立水桥一南七家

## 地下也很忙。

地铁线像蜘蛛网一样，在地下纵横交错，仿佛一座大型迷宫。

但上班的大人可不会迷路，他们脚步匆忙，在地铁站里快速穿梭，顾不上回味昨晚的美梦。

仔细听，你能听到各种不同的鞋子踩在地上的声音——

有红色高跟鞋小姐的嗒嗒声，听起来有点着急，嗒嗒声很快变成了一路小跑的嗒嗒嗒、嗒嗒嗒。

有黑色尖头皮鞋先生稳健的咔咔声，沉着有力的步伐来自他的庞大身躯，穿着灰色西服的他像一大朵浓厚的乌云。

还有各种运动鞋踩在地上发出的合奏，偶尔夹杂着行李箱的轮子滚动的声音，路过地砖接缝，它会咔嗒一声。

B
C
E
紧急出口
EXIT

早晚高峰时间，地铁里的人们井然有序，站在安全门外排成两队等待上车。

很多年前，这里曾是另一番热闹的场景：

在地铁关门前跑上车的人，都会被训练有素的工作人员费尽力气地使劲塞进地铁，他或许还会边推边说着：

“您再往里面挤挤。”“注意您的包，小心您的脚。”……

直到车门关上，不浪费一点儿空间。

城市随着时间生长，有关城市的记忆也在人们的脑海中不断更新。

站
Station
东直门
DONGZHIMEN
雍和宫
YONGHEGONG Lama Temple
5号线
Line 5
出
EXIT
18

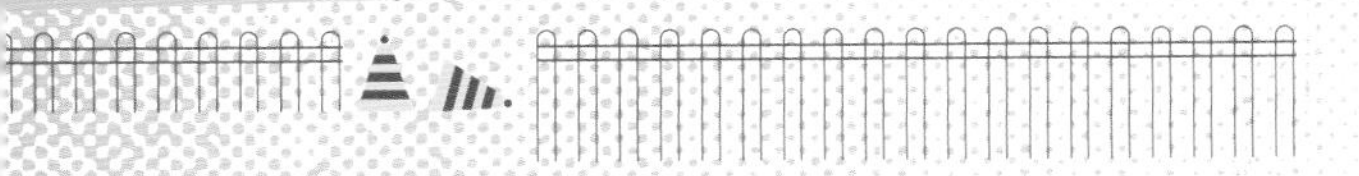

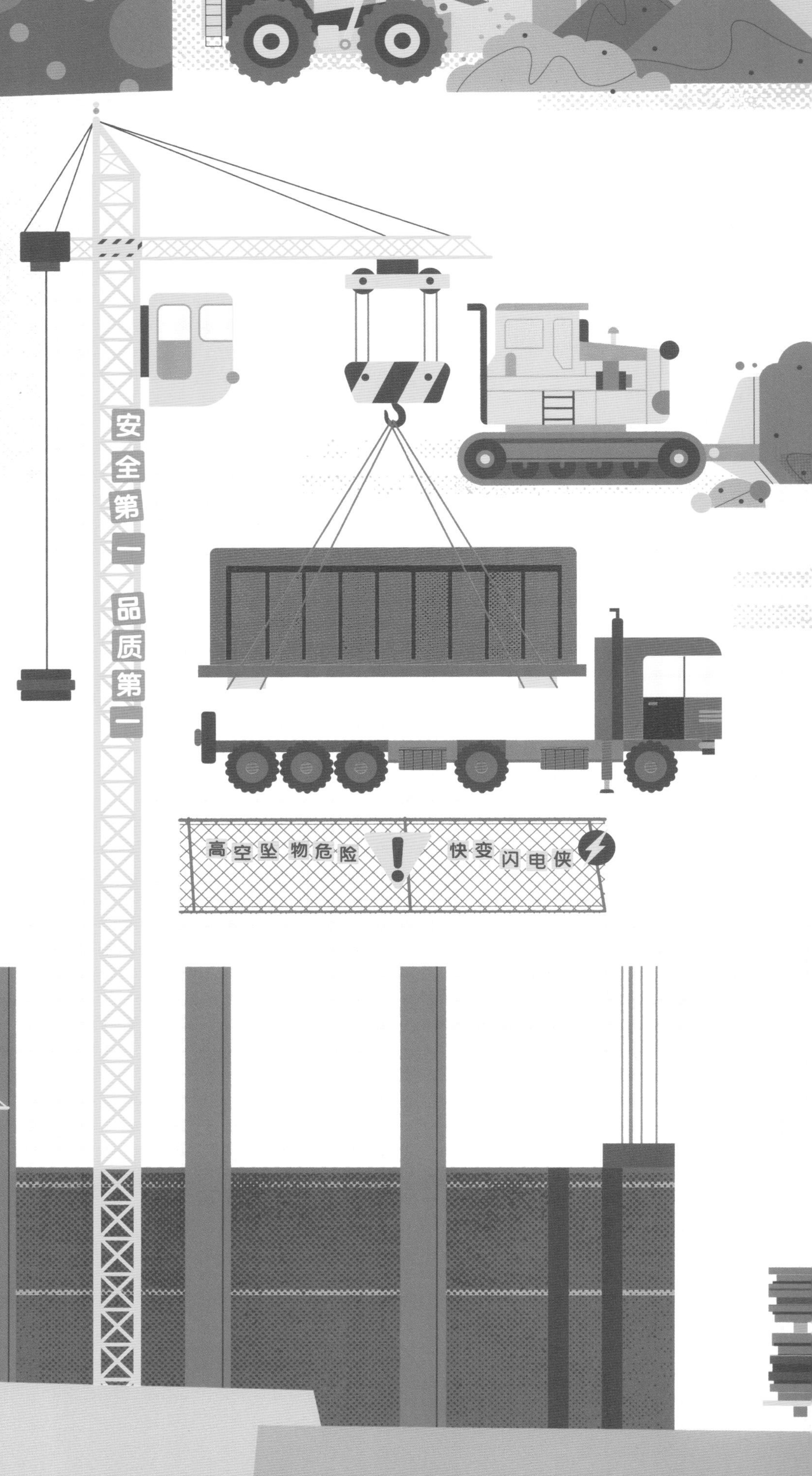


## 忙忙碌碌的北京仍在不断更新、成长。

二环之外有了三环、四环、五环，巨大的六环和超级大的七环。

被围挡遮住的工地，里面响个不停：

忙碌的大塔吊仿佛巨大的长颈鹿，一刻不停地转啊转；

几辆推土车在路边队等候命令；

挖掘机的大铲在工地的上方掀起一层层的沙土；

还有看不到的忙碌的地下，隧道掘进机正在打通新的地铁隧道，巨大的声响吵得蚂蚁睡不着，它们决定搬家。

STOP
胡同遗存保护区
停
甭理我

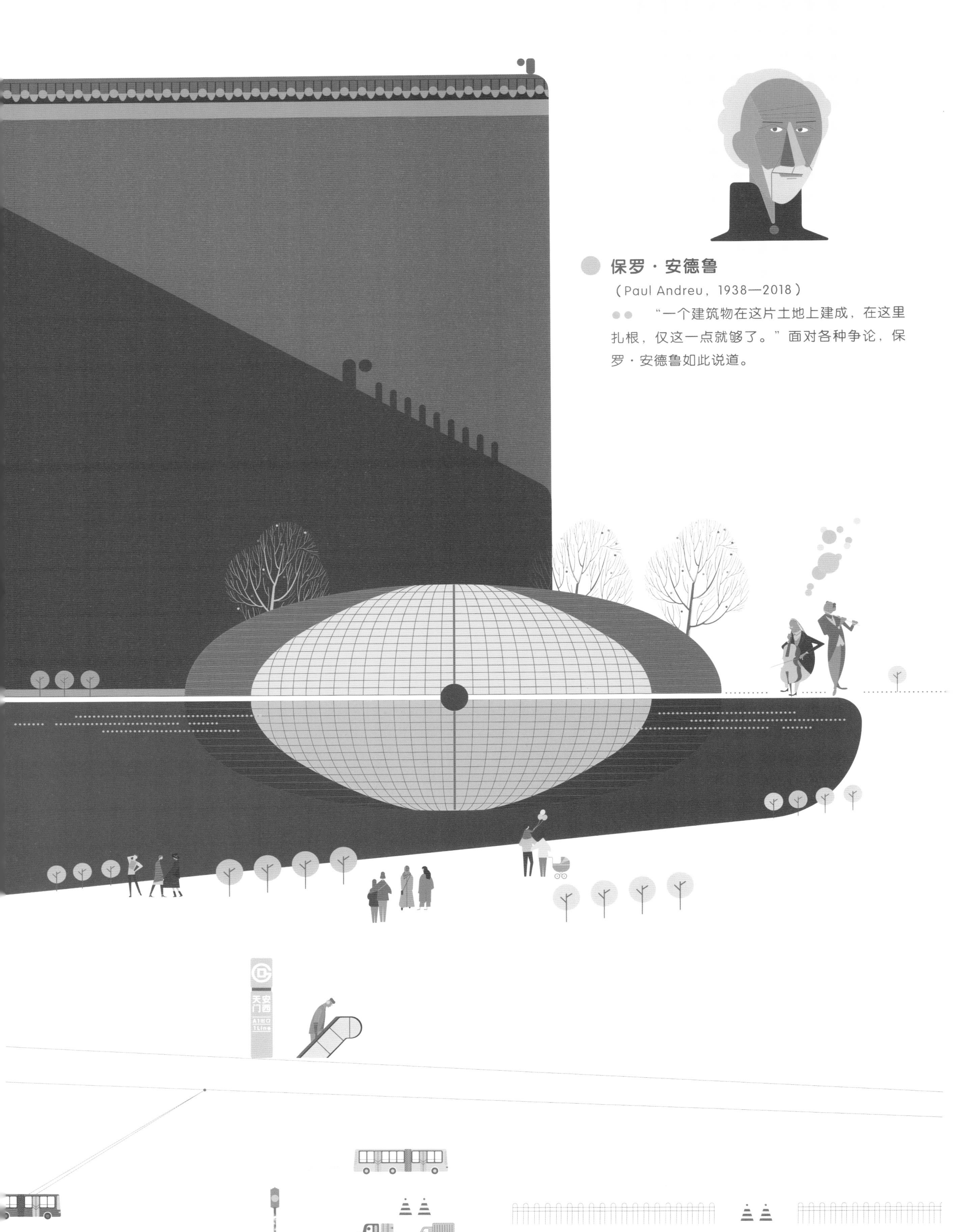


## 保罗·安德鲁

（Paul Andreu，1938—2018）

“一个建筑物在这片土地上建成，在这里扎根，仅这一点就够了。”面对各种争论，保罗·安德鲁如此说道。

## 如今的北京城汇聚了来自世界各地的建筑新想法和新实践，与传统的建筑交相辉映。

国家大剧院由法国建筑师**保罗·安德鲁**设计，它像是一块露出水面的巨大鹅卵石。

荷兰建筑师**雷姆·库哈斯**设计了中央电视台总部大楼，你是否觉得它的样子有点奇特？

**雷姆·库哈斯**

（Rem Koolhaas，1944—）

这位荷兰建筑师在设计建筑吗？不，他在质疑、挑战、颠覆你对建筑的看法。你喜欢他设计的中央电视台总部大楼吗？有人说它很独特，有人说它跟周围环境格格不入。不过，争议并没有挡住他对自己的思考的坚持。

**中国国家博物馆**

国家大剧院的不远处便是下面的这栋方方的建筑——中国国家博物馆。

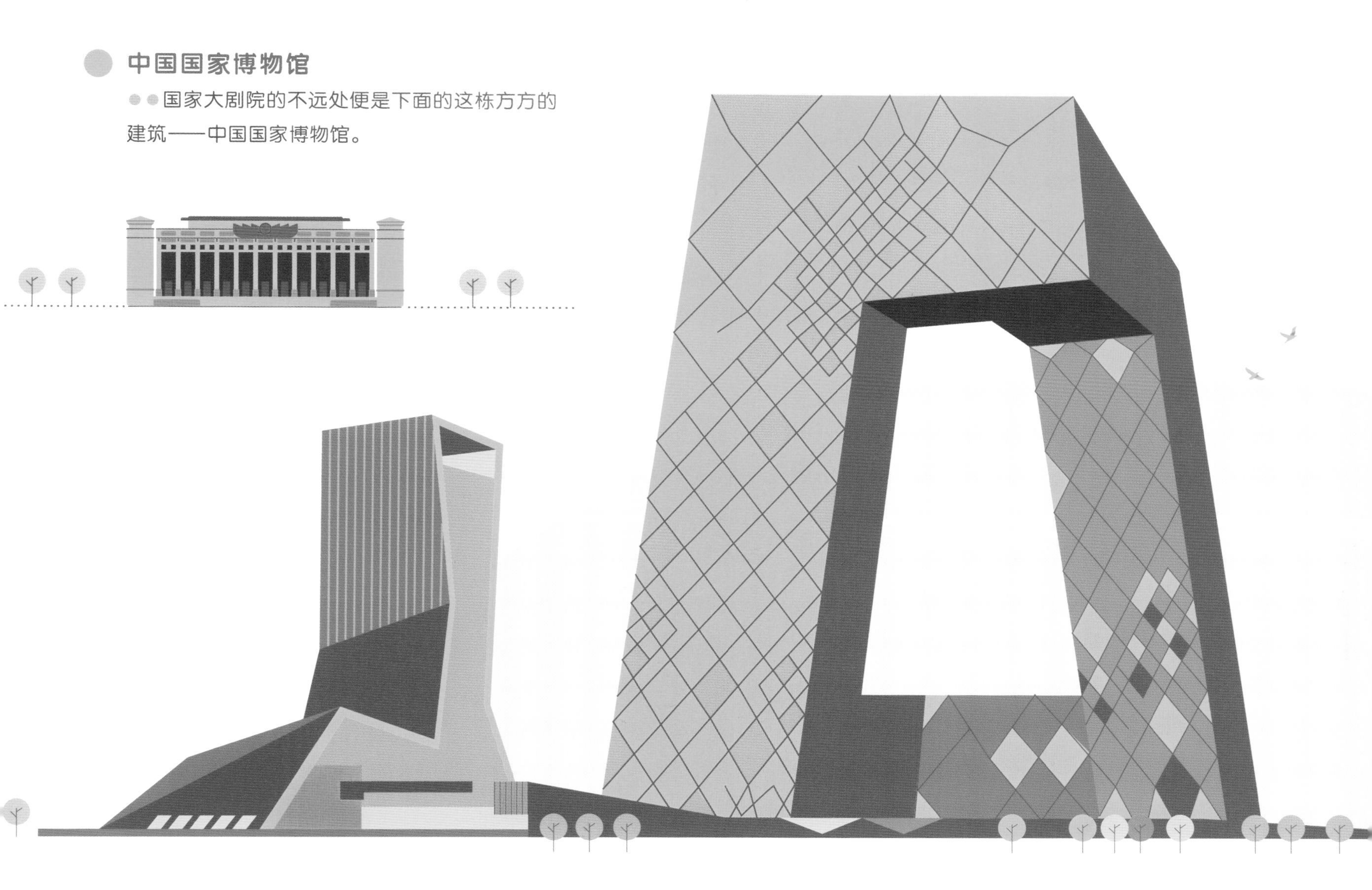

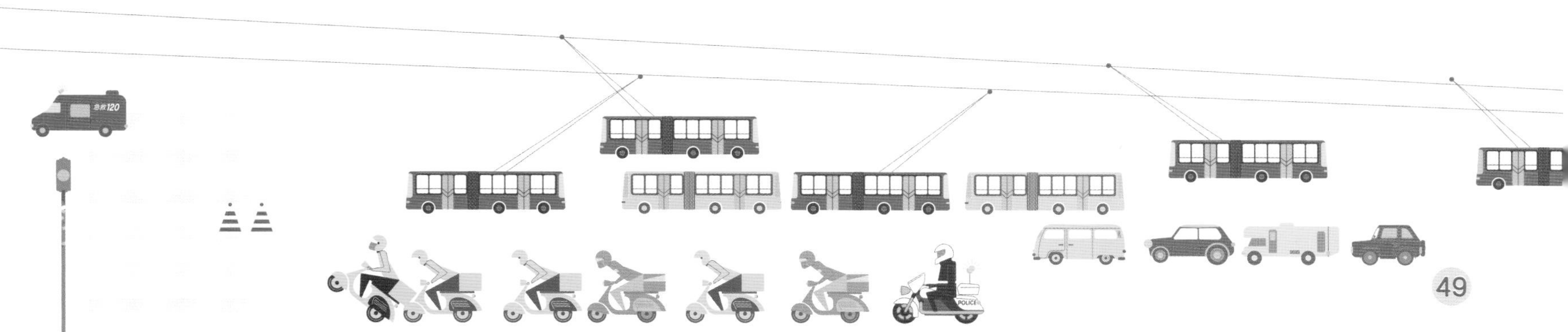

出生于伊拉克的英国女建筑师**扎哈·哈迪德**设计了像外星飞船的银河SOHO和望京SOHO，它像不像河岸边的几块鹅卵石？

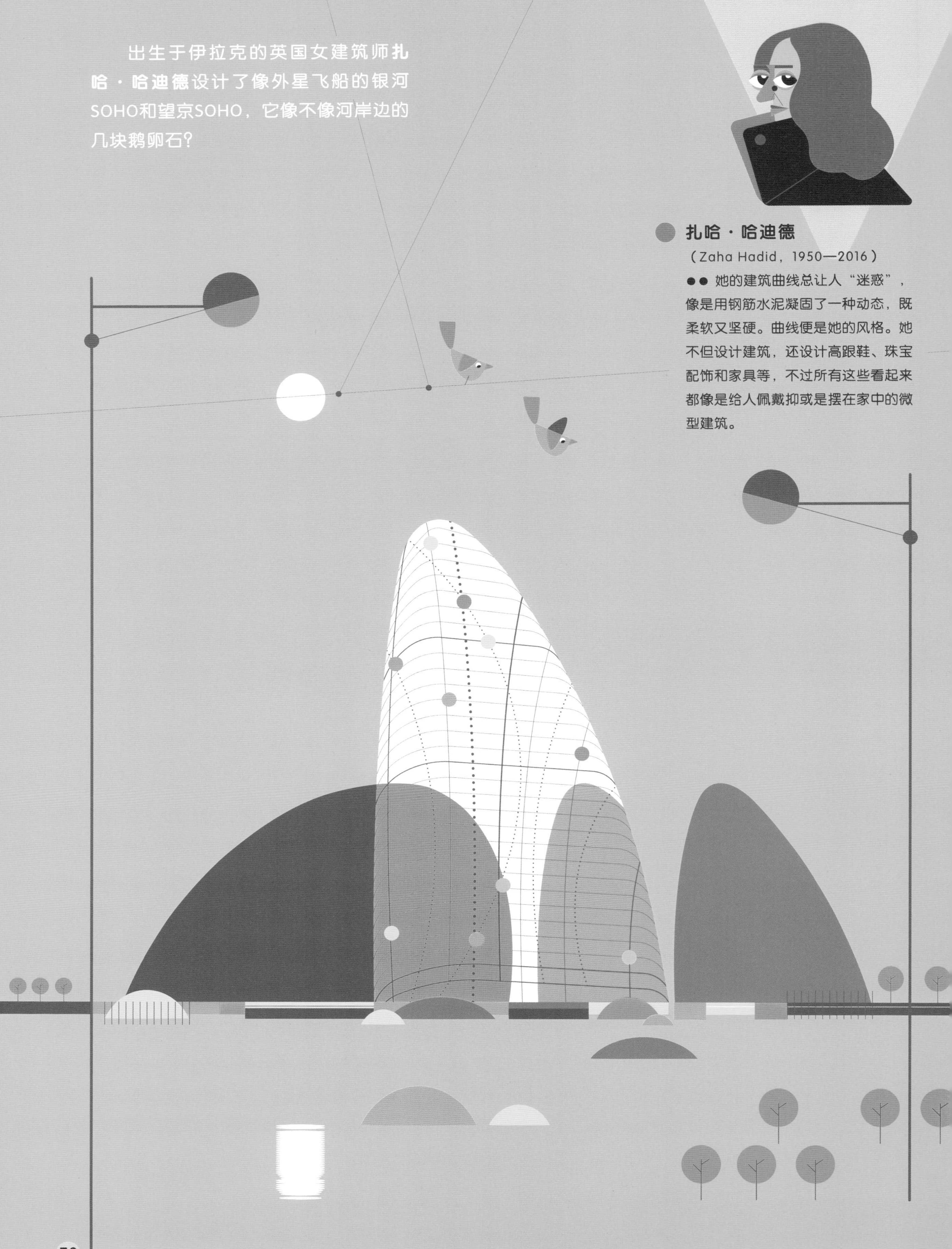

**扎哈·哈迪德**

（Zaha Hadid，1950—2016）

●● 她的建筑曲线总让人“迷惑”，像是用钢筋水泥凝固了一种动态，既柔软又坚硬。曲线便是她的风格。她不但设计建筑，还设计高跟鞋、珠宝配饰和家具等，不过所有这些看起来都像是给人佩戴抑或是摆在家中的微型建筑。

还有美国建筑师**史蒂文·霍尔**设计的当代万国城，似乎用桥将8座大高楼在空中连了起来。

**史蒂文·霍尔**

（Steven Holl，1947—）

●● 这是一位喜欢画水彩草稿的建筑师，他喜欢艺术。当代万国城的灵感便是来自法国绘画大师马蒂斯（Matisse）的名作《舞蹈》，画中五个女人手拉手围成圈，一起跳舞，像不像这个用连廊连接起的八座建筑？

**北京是一座巨大的时间容器，能把古老传统和新的事物、观念融汇在一起，让城市散发着包容、博大的气质。**

就像这座北京最——高——的，被人们称作“中国尊”的摩天大楼。

它的上下两端粗，中间细，就像一个古代的细腰酒杯“樽”，这也正是建筑师的灵感。

它有528米高，地上有108层，地下还埋藏着7层。

一个小朋友和它比起来，就像一只蚂蚁和一头长颈鹿站在一起比身高。

天气晴朗的夜晚，从家里的窗户，你或许能看到它在夜色中闪亮。

**中国尊**

●● 还记得我们在国家博物馆说到的食器“鼎”吗？这座高高的建筑同样来自中国古代的酒器、也是一种礼器——“樽”。整个建筑的外形从底部向上渐渐收紧，之后再向上逐渐放大，最终形成一个中部略细的曲线建筑造型。“中国尊”的高度目前在世界排名第九、中国排名第五、北京排名第一。

太古里
TAI KOO LI

或许你会觉得长安街上总是充斥着各种噪音，堵车时有人会不耐烦地用力按喇叭，地铁也总是很吵闹，中央商务区的人们总是忙得脚不沾地儿……但这正是它的活力所在。

当你极目遥望被风格各异的建筑勾勒出来的城市天际线；

当你走进北京大大小小的园林、博物馆；

当秋天的风卷走胡同里的落叶，冬天的雪飘落在窗外；

当前门大街的电车铃铛敲响，糖葫芦拿在手上——

**你会知道什么是：威严而包容，博大而浪漫，古老而崭新，喧嚣而安静。**

**这——就——是——我们的北京城！**

正阳门
箭楼
前门一号
京A D9801
大
栅
栏

图书在版编目（CIP）数据

这是我们的北京！/肖琨著；文俊绘. —北京：清华大学出版社，2023. 5
（这是我们的城）
ISBN 978-7-302-61834-8

Ⅰ. ①这… Ⅱ. ①肖… ②文… Ⅲ. ①城市建筑－建筑艺术－北京－儿童读物 Ⅳ. ①TU-862

中国版本图书馆CIP数据核字（2022）第169149号

责任编辑：冯　乐
装帧设计：文俊 | 1204设计工作室（北京）
责任校对：王荣静
责任印制：杨　艳

出版发行：清华大学出版社
网　址：http://www.tup.com.cn，http://www.wqbook.com
地　址：北京清华大学学研大厦A座　　邮　编：100084
社总机：010-83470000　　邮　购：010-62786544
投稿与读者服务：010-62776969，c-service@tup.tsinghua.edu.cn
质量反馈：010-62772015，zhiliang@tup.tsinghua.edu.cn
印 装 者：小森印刷（北京）有限公司
经　销：全国新华书店
开　本：245mm×340mm　　印　张：9　　字　数：65 千字
版　次：2023年5月第1版　　印　次：2023年5月第1次印刷
定　价：138.00 元

产品编号：087668-01